Rheinisch-Westfälische Akademie der Wissenschaften

Natur-, Ingenieur- und Wirtschaftswissenschaften   Vorträge · N 356

Herausgegeben von der
Rheinisch-Westfälischen Akademie der Wissenschaften

WALTER EVERSHEIM
Neue Technologien
– Konsequenzen für Wirtschaft, Gesellschaft und Bildungssystem –

Westdeutscher Verlag

321. Sitzung am 6. Februar 1985 in Düsseldorf

CIP-Kurztitelaufnahme der Deutschen Bibliothek

Eversheim, Walter:
Neue Technologien – Konsequenzen für Wirtschaft, Gesellschaft und Bildungssystem / Walter Eversheim. – Opladen: Westdeutscher Verlag, 1987.
(Vorträge / Rheinisch-Westfälische Akademie der Wissenschaften: Natur-, Ingenieur- und Wirtschaftswissenschaften; N 356)

NE: Rheinisch-Westfälische Akademie der Wissenschaften ⟨Düsseldorf⟩: Vorträge / Natur-, Ingenieur- und Wirtschaftswissenschaften

© 1987 by Westdeutscher Verlag GmbH Opladen
Herstellung: Westdeutscher Verlag
ISBN-13: 978-3-531-08356-8   e-ISBN-13: 978-3-322-85984-6
DOI: 10.1007/978-3-322-85984-6

Inhalt

Walter Eversheim, Aachen
Neue Technologien
– Konsequenzen für Wirtschaft, Gesellschaft und Bildungssystem –

Präambel	7
Neue Produktionstechnologien	9
Schrifttum	20

Diskussionsbeiträge
   Dr.-Ing., Dr.-Ing. E. h. *Siegfried Batzel;* Professor Dr.-Ing., Dipl.-Wirt.-Ing. *Walter Eversheim;* Professor Dr. rer. pol. *Ernst Helmstädter;* Professor Dr.-Ing. *Friedrich Eichhorn;* Professor Dr. rer. pol. *Erich Potthoff;* Professor Dr. rer. pol. *Wilhelm Krelle;* Professor Dr. techn. *Franz Pischinger;* Professor Dr. rer. nat. *Tasso Springer;* Professor Dr. rer. nat. *Rolf Appel;* Professor Dr. rer. nat. *Herbert Grünewald* 21

Präambel

An den Anfang der Ausführungen zu diesem Thema sollen zunächst einige Begriffsbestimmungen und Eingrenzungen gestellt werden.

Schlägt man in einem Lexikon den Begriff „Technologie" nach, so findet man Definitionen wie „Beschreibung und Erforschung der in der Technik angewendeten Produktionsverfahren" oder ähnliche. Alle Definitionen betonen die Erforschung, das Wissen und die Lehre im Zusammenhang mit den Prozessen zur Herstellung von Produkten. Diese aus dem Griechischen hergeleitete Bedeutung des Wortes *technologia* wurde im letzten Jahrzehnt fälschlicherweise meist im Zusammenhang mit den Bemühungen um Technikfolgenabschätzungen umgedeutet.

Letztere wurden vom Kongreß der Vereinigten Staaten von Amerika (USA) bereits Ende der sechziger Jahre initiiert. Ein dem Kongreß berichtendes Gremium, das „Office of Technology Assessment", erhielt in den Jahren 1974–1978 ein Budget von 28 Mio US $, um Fragen zu behandeln, wie sie im Thema meines Referates aufgeführt sind.

Die wenig präzise Übersetzung des englischen Begriffs „Technology Assessment" in „Technikfolgenabschätzung" oder „Prognosen über gesellschaftliche Auswirkungen bei der Einführung oder Anwendung neuer Technologien oder Techniken" führte zu einer Erweiterung des Begriffsinhalts „Technologie". In Verbindung mit „Neue Technologien" und „Technologie-Transfer" versteht man darunter heute meistens Technik, technische Prinzipien, Prozesse und Verfahren. Mit dieser Interpretation soll auch im folgenden gearbeitet werden.

Da der Zeitrahmen für den Vortrag begrenzt ist und der Referent nicht sachkompetent auf allen Gebieten der Technik und Prozesse sein kann, soll an dieser Stelle eine weitere Beschränkung auf das Gebiet der Produktionstechnik und einiger mit ihr verbundenen markanten Technologien vorgenommen werden. Nicht behandelt werden sollen z. B. „Neue Technologien" wie Kernkraftenergie, Laserstrahlenenergie oder Automobiltechnik. Dennoch soll an diesen Beispielen eine erste These als Prämisse für die weiteren Aussagen zur Produktionstechnik herausgearbeitet werden.

Die Entdeckung des Effektes, durch Kernspaltung Energie zu gewinnen, führte in Folge zu verschiedenartigen Anwendungen, die man, gemessen an ökonomischen und ethischen Maßstäben einer Gesellschaft, als positiv oder negativ bezüglich ihrer Wirkungen oder Auswirkungen einstufen kann. So konnten durch Nutzung der Kernenergie neue Möglichkeiten der Primärenergiegewinnung erschlossen und Methoden zur medizinischen Bestrahlung zwecks Heilung entwickelt werden; diese Arten der Anwendung und Verwertung des Wissens um den Kernenergieprozeß würde ich als positiv für eine Volkswirtschaft einstufen. Andererseits ermöglichte dieses Wissen auch den Bau von Vernichtungswaffen wie der Atombombe, die sicherlich in der Verwendung mit einem negativen Vorzeichen zu versehen ist.

Die LASERtechnik (*Light Amplification by Stimulated Emission of Radiation*) nutzt den Effekt der Lichtverstärkung durch angeregte Emission von Strahlung. Auch diese Erfindung eröffnete ganz neue Möglichkeiten in der hochpräzisen Meßtechnik, des Metallschneidens und z. B. der Schweißtechnik, sowohl im Maschinenbau wie in der Medizin – sicherlich alles sehr fortschrittliche Anwendungen dieser Technologie zum Nutzen unserer Volkswirtschaften. Natürlich schließt das Wissen um diese Mechanismen nicht aus, daß die hohe Energiedichte auch für Zerstörungszwecke, die negativ einzustufen sind, verwendet wird.

Die Erfindung und Beherrschung der motorischen Verbrennung war vor ca. einhundert Jahren die Voraussetzung, mit dem Automobilbau zu beginnen. Diese Technik hat zu einer erheblichen Steigerung der Mobilität der Bevölkerung beigetragen. Transport und Verkehr wurden in vertretbarer Zeit, auch über größere Distanzen möglich. Außerdem wurden für beträchtliche Anteile der jeweiligen Bevölkerung direkt und indirekt Arbeitsplätze geschaffen. Neben dieser positiven Bilanz sind inzwischen auch negative Folgen der Automobiltechnik angezeigt. Die Zahl der Verkehrswege, die Belastung der Luft durch Automobilabgase oder die Zahl der Verkehrsunfälle nehmen in bestimmten „Ballungsgebieten" eine Größenordnung an, die das Auto in der Bilanz nicht mehr nur mit „positiv" zu bewerten erlaubt.

Mein Fazit aus dieser sicherlich verkürzt und exemplarisch aufgeführten Gegenüberstellung von positiven und negativen Folgen aus der Anwendung neuer Technologien ist: *Eine neue Technologie ist ambivalent!* Sie ist bei ihrer Entdeckung oder Erfindung *(invention)* weder gut noch schlecht. Gebrauch mit einem positiven und Mißbrauch mit einem negativen Vorzeichen sind möglich. Erst das Verhalten der Gesellschaft oder der Entscheidungsträger in einer Gesellschaft prägt bei der Anwendung und Umsetzung der Erkenntnisse über neue Technologien *(innovation)* diese Bewertung.

Neue Produktionstechnologien

Am Beispiel der Entwicklungen der Produktionstechnik und einiger damit verbundener Technologien (Prozesse, Verfahren) möchte ich nun versuchen, die Möglichkeiten und Grenzen einer Prognose über weitere Entwicklungen und deren Auswirkungen für die Gesellschaft herauszuarbeiten. Dabei gilt es zu beachten, ob Wechselwirkungen zwischen technischen Neuerungen und dem ökonomischen und gesellschaftlichen Umfeld bestehen. Sind in der Vergangenheit technische Innovationen vorangetrieben worden, denen gewisse Modellgesetze zugrunde liegen? Wenn derartige Grundmechanismen zu existieren scheinen, sind sie dann auch für künftig zu erwartende Entscheidungsprozesse gültig zu übertragen?

Betrachten wir die historische Entwicklung der Werkzeuge und Maschinen zur Herstellung von Bauteilen aus Holz, Stahl oder neuerdings Kunststoff, so bieten die verschiedenen Entwicklungsstufen interessante Erkenntnisse in bezug auf unsere Fragestellung.

Die älteste deutsche Darstellung der sog. Wippenbank (Bild 1) macht deutlich, daß der Bedienungsmann an einem solchen Arbeitsplatz in mehrfacher Hinsicht gefordert war. Neben seiner handwerklichen Geschicklichkeit beim Umgang mit

Bild 1: Älteste deutsche Darstellung der Wippenbank um 1400

Bild 2: Darstellung des Fortschritts beim Drehen

Werkzeugen mußte der Arbeiter mit Händen und Armen die Kräfte des Werkzeuges aufbringen und zusätzlich über seine Fußbewegung die Kraft für die Rotation des Werkstücks erzeugen.

Bei den Drehmaschinen der folgenden Darstellung (Bild 2) wird in beiden Fällen bereits die Kraft für die Rotationsbewegung über einen Transmissionsantrieb von einer zentralen Kraftquelle, Wasserrad oder Dampfmaschine, hergeleitet. Der Bedienungsmann links im Bild muß jedoch noch selbst die Kräfte zur Werkzeugführung aufbringen, während bei der Maschine rechts der Arbeiter durch den Werkzeugsupport kraftmäßig weitgehend entlastet ist. Hier ist lediglich noch seine Geschicklichkeit, sein Beobachtungs- und Reaktionsvermögen gefragt.

Machen wir nun einen Sprung vom frühen 19. Jahrhundert über die Einführungen von elektromotorischen Antrieben um die Jahrhundertwende in die zweite Hälfte des 20. Jahrhunderts (Bild 3). Seit einigen Jahren ist es möglich, auf sogenannten Bearbeitungszentren Werkstücke komplett zu bearbeiten, ohne daß Arbeiter in den Produktionsprozeß eingreifen, ja teilweise sogar ohne Überwachung der Prozesse durch Bedienungspersonal (unbemannte Produktion). Drehzahlen, Vorschübe, Werkzeug- und Werkstückbewegungen werden über numerische Steuerungen (NC ≙ *Numerically Controlled*) nach vorgegebenem Programm automatisch geschaltet und gesteuert. Selbst Überwachungstätigkeiten wie

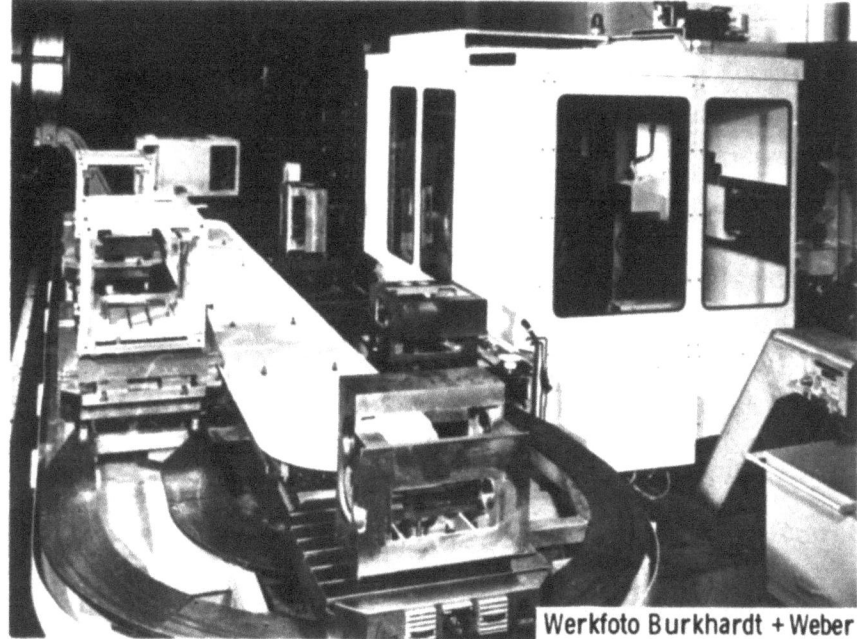

EINSATZMÖGLICHKEITEN

- unbemannter Betrieb in der 3. Schicht
- Mehrmaschinenbedienung

ZUSATZAUSRÜSTUNG

- Werkzeugbruchkontrolle
- Adaptive Control (für Werkzeugverschleiß)
- Variable Magazinplatzcodierung
- Standzeitüberwachung der Werkzeuge
- Automatisches Messen durch Meßtaster

Bild 3: Bearbeitungszentrum für die unbemannte Produktion

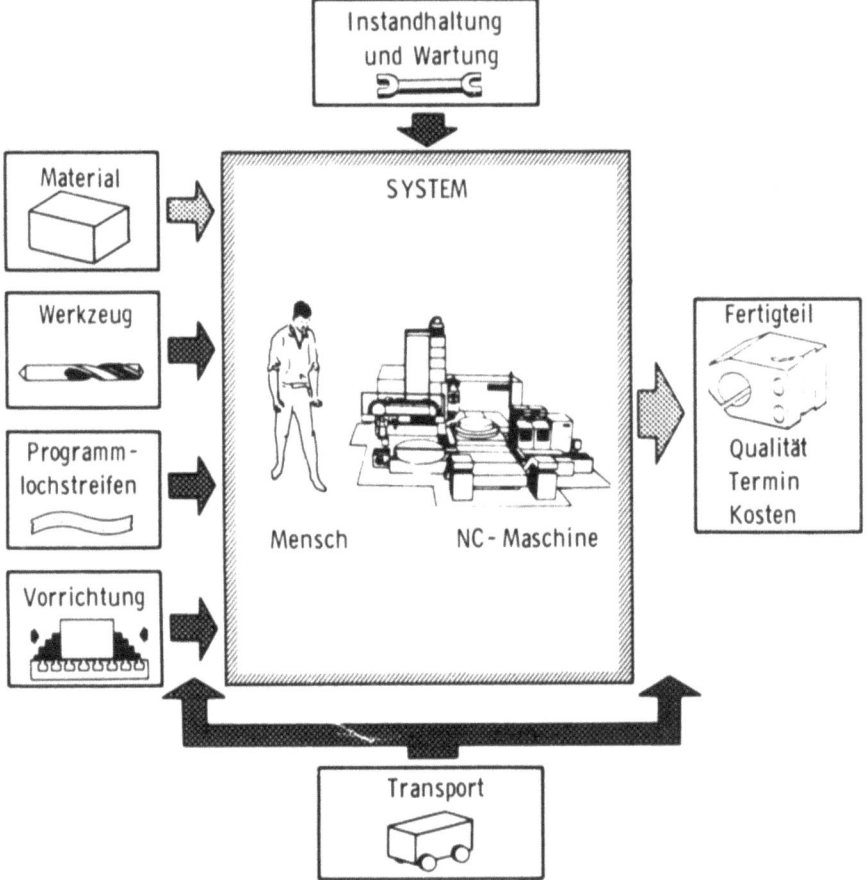

Bild 4: Einflußgrößen auf das System Mensch – NC-Maschine

Werkzeugbruchkontrolle oder Messen der Werkstücke, die bei Vorgängertypen dieser Maschinen vom Bediener wahrgenommen wurden, entfallen bei derartig hochautomatisierten Bearbeitungsmaschinen.

Faßt man die Veränderungen der Arbeitsinhalte bei Produktionsprozessen als generelle Trends zusammen, so ist folgendes festzustellen:

Die physische Belastung wurde weitgehend durch Antriebssysteme und mechanische Lösungen abgebaut. Fähigkeiten wie Geschicklichkeit oder Beobachtungsvermögen wurden durch Automatisierung und elektronische Informationsverarbeitung substituiert. Vom eigentlichen Produktionsarbeitsplatz wurde der Einsatz der Mitarbeiter in andere dispositive und organisatorische Bereiche verlagert (Bild 4). Diese Veränderungen haben – wie wir später noch sehen werden – Konsequenzen bezüglich Struktur und Quantität am Arbeitsmarkt. Arbeitsplätze, die durch körperliche Belastung oder Routinetätigkeiten geprägt waren und sind, werden weniger. Die neuen Arbeitsplätze sind geprägt durch mentale Belastung und erfordern häufig besser und auf höherem Niveau ausgebildete Mitarbeiter.

Diese Tendenz ist anhand der Kenndatenentwicklung von Werkzeugmaschinen (Bild 5) auch quantitativ zu belegen. Betrachtet man die Maschinenleistung, so ver-

Bild 5: Entwicklung von Kenndaten von Werkzeugmaschinen

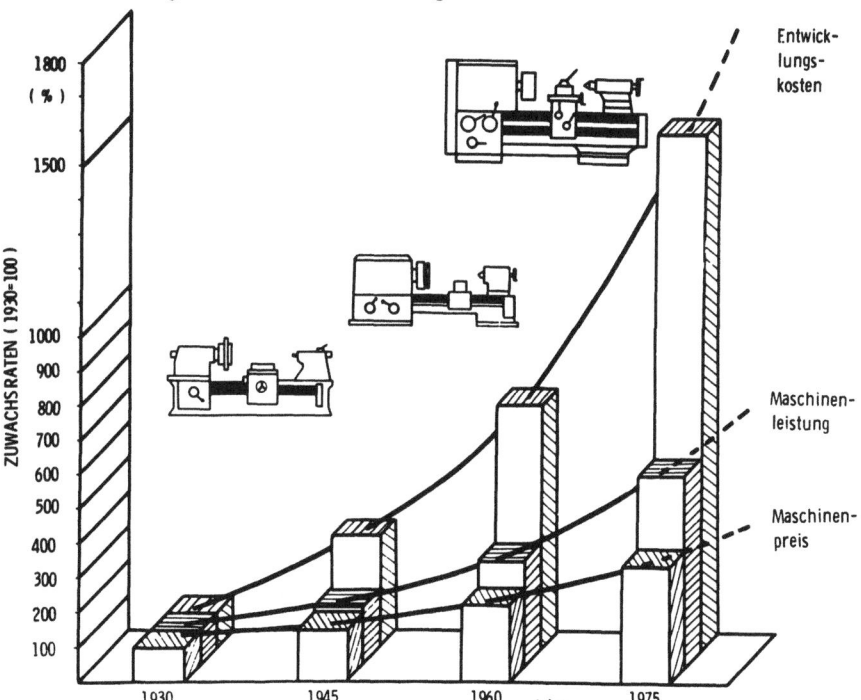

zeichnen wir eine Produktivitätssteigerung von ca. 450% zwischen 1930 und 1975. Die Arbeitsplatzkosten, bezogen auf den Maschinenpreis, stiegen im gleichen Zeitraum um 220%, während der Bruttostundenverdienst je Arbeiter eine Steigerung von absolut ca. 920% erfuhr. Im Reallohn, preis- und kaufkraftbereinigt, war dies eine Erhöhung von 100% (1930) auf 372% (1975) (Quelle: Statistisches Jahrbuch).

Beobachten wir parallel hierzu die Tendenzen bei der Entwicklung der NC-Technik (Bild 6), so kann man sicherlich auf gewisse Wechselwirkungen zwischen den Faktoren Produktionstechnik – Arbeitskosten – Absatzmärkte – Steuerungstechnik und Elektronische Datenverarbeitung schließen.

Die meisten Konsum- und Investitionsgütermärkte waren in der Bundesrepublik Deutschland nach dem Ende des Zweiten Weltkrieges geprägt durch starkes Wachstum und entsprechende Nachfrage. Gleichzeitig mußten wir den Mangel an Fachkräften auf dem Arbeitsmarkt kompensieren. Dies führte einerseits nach dem Prinzip Angebot/Nachfrage zu höheren direkten oder indirekten Arbeitskosten. Zum anderen wurden die Unternehmen gezwungen, durch Wettbewerb auf dem Absatzmarkt die Produktionskosten zu limitieren oder zu reduzieren. Die höheren Einkommen der Arbeitnehmer steigerten den Konsum und Lebensstandard, doch andererseits wurde der Faktor Arbeit für wenig anspruchsvolle Tätigkeiten zu teuer.

Bild 6: Entwicklung der NC-Technik

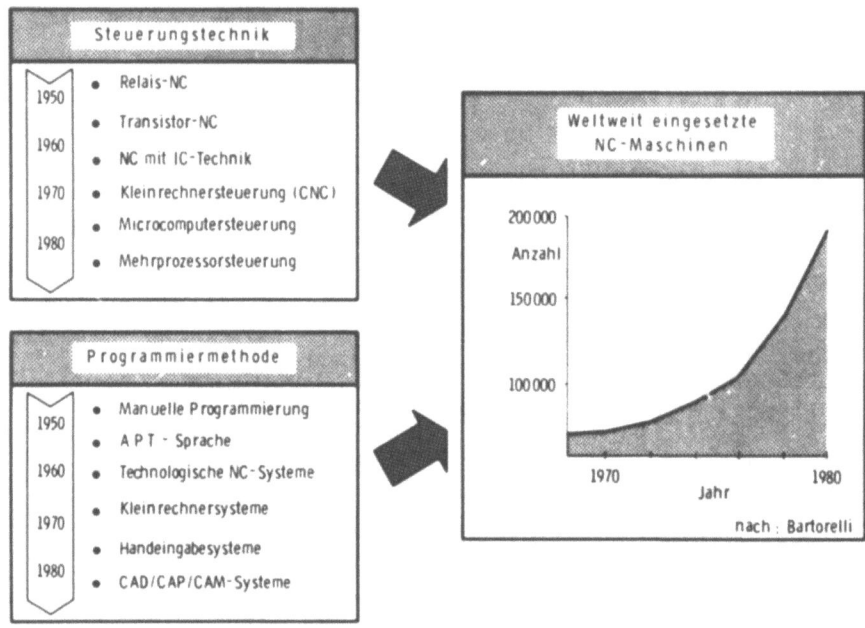

Die seit den fünfziger Jahren bekannte Numerische Steuerung von Werkzeugmaschinen machte es möglich, die Produktion auch in kleinen Losen oder Stückzahlen wirtschaftlich zu automatisieren. Man kann am Beispiel der NC-Technik erkennen, daß Marktmechanismen die Nutzung dieser neuen Technologien bei ihrer Einführung unterstützt haben.

Die Fristen, die zwischen Entdeckung und Erfindung (Invention) einerseits und Verwertung bzw. Markteinführung (Diffusion) andererseits vergehen, bezeichnen wir als *Innovationszeit* (Bild 7). Obwohl in dieser Darstellung die Innovationszeiten unterschiedlicher Techniken und Technologien aufgetragen sind, ist generell festzustellen, daß die Innovationszeiten in der Tendenz kürzer werden, d. h. technische Neuerungen finden häufiger statt.

Nach den Theorien von SCHUMPETER und MENSCH (Bild 8) gibt es Zusammenhänge zwischen Innovations- und Konjunkturzyklen. Die Entwicklungen der NC-Technik sowie des Rechnerunterstützten Konstruierens (CAD ≙ Computer *A*ided *D*esign) und der Robotertechnologie würden wir dem generellen Bereich der Mikroelektronik zuordnen. Bei dieser Technologie sind Innovationszeiten von acht bis zehn Jahren festzustellen.

Bild 7: Innovationszeit bekannter Erfindungen und Entwicklungen

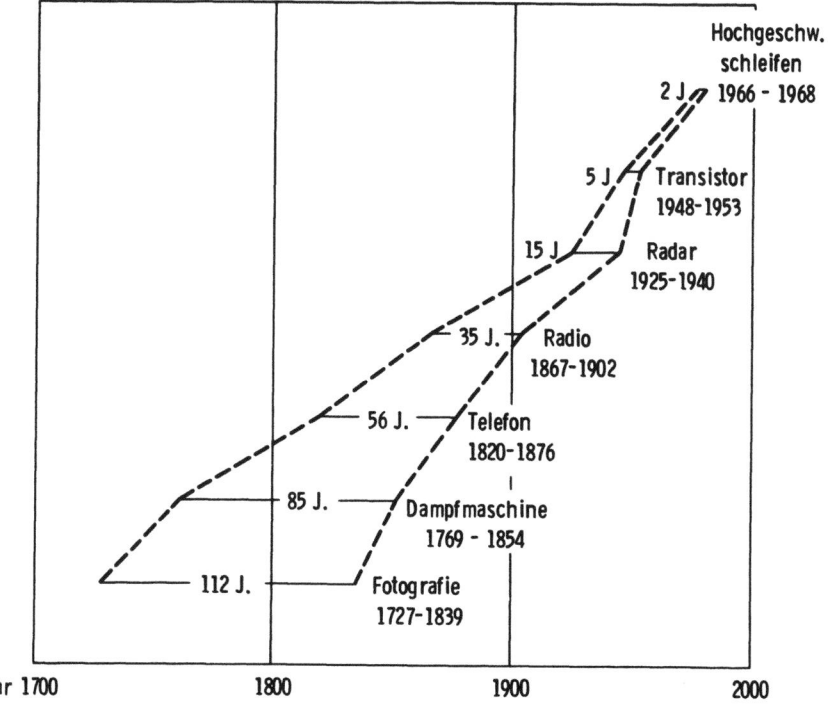

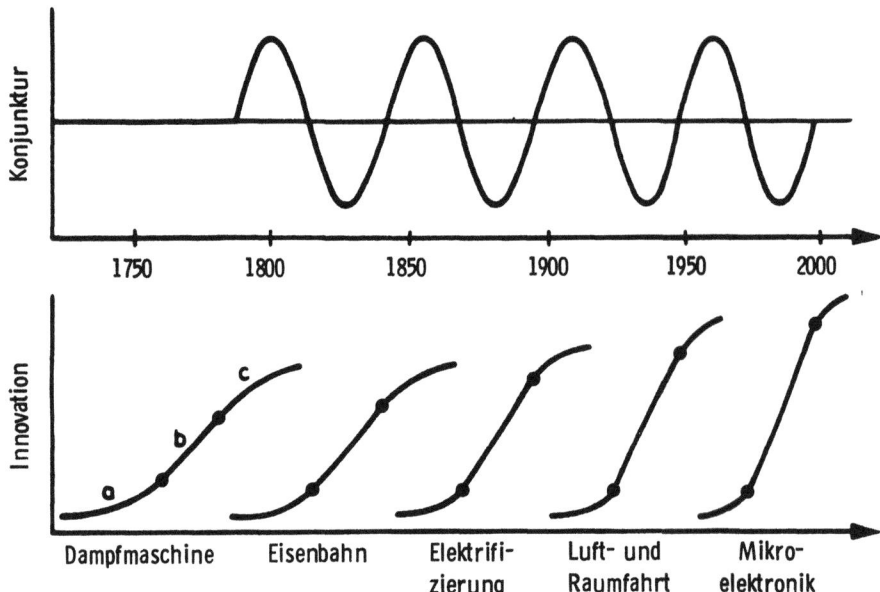

Bild 8: Innovations- und Konjunkturzyklen von 1800 bis 2000 (nach SCHUMPETER und MENSCH)
a Erfindung, b Innovation, c Durchsetzung

Man kann an dieser Stelle eine erste Zwischenbilanz ziehen, die in folgenden Thesen zusammengefaßt ist:
- Technische und technologische Veränderungen finden statt.
- Zeitdauer: acht bis zwanzig Jahre.

- Die Innovationsgeschwindigkeit wird größer.
- Die Innovationszyklen werden kürzer.

Konsequenz:
- Fachwissen ist schneller veraltet.
- Das erlernte Wissen reicht nicht mehr für ein ganzes Arbeitsleben.

Bei den Schlußfolgerungen bezüglich unseres Bildungssystems ist sicherlich zwischen Fachwissen einerseits und Grundlagenwissen sowie Fähigkeiten andererseits zu differenzieren.

Letztere sind sicherlich bei der Erstausbildung zu vermitteln und auf lange Dauer aktuell und anwendbar. Das Fachwissen ist entsprechend den Innovationszyklen für Basistechnologien aufzufrischen. In Bild 9 sind derartige Technologieentwicklungen als Forschungsschwerpunkte quantitativ über der Zeitachse aufgetragen.

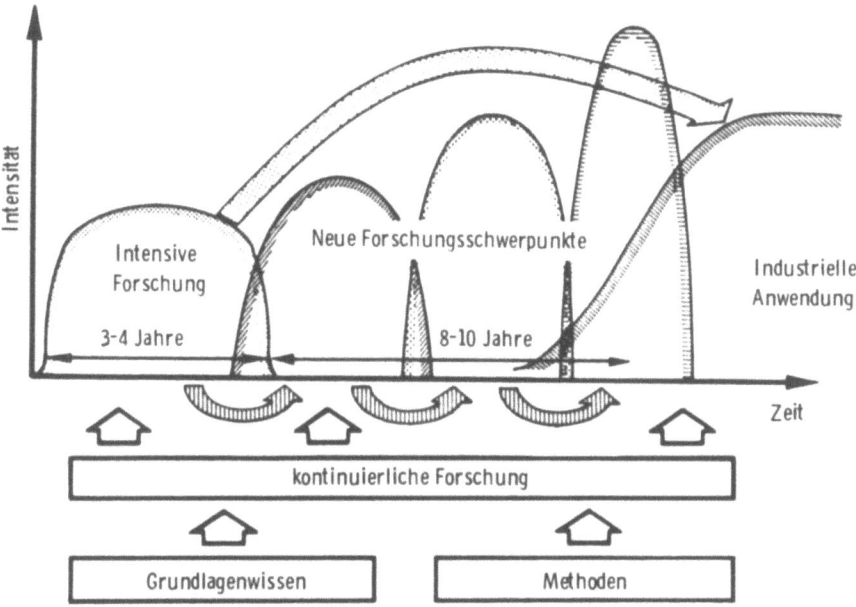

Bild 9: Vermittlung des erforderlichen Fachwissens:
 – Ausbildung der Studenten
 – Weiterbildung von Erwerbstätigen

Als Aufgaben der Hochschuleinrichtungen sind Erstausbildung der Studenten und Weiterbildung der Erwerbstätigen aufgeführt. Durch eine kontinuierliche Forschung müssen die Lehrenden in den Hochschulen ihr eigenes Wissen sowie ihre Fähigkeiten aktualisieren. Die Schlußfolgerung aus dieser Modellvorstellung läßt sich wie folgt zusammenfassen:

1. Grundlagenwissen (z. B. Mechanik, Naturwissenschaft) und Basismethoden (z. B. zum Lehren und Lernen) bleiben permanent gültig.

2. Fachwissen (auf speziellen Gebieten) und spezielle Methoden (z.B. technisch unterstützte Lehr- und Lernmethoden) müssen zyklisch angepaßt werden.

3. *Forderung an die Lehrenden:*
 – Fachwissen erwerben und vermitteln,
 – Methoden lernen und trainieren.

4. *Voraussetzung: Forschung*
 – Fachwissen aktualisieren,
 – Methoden aufbereiten.

Entwickeln sich während der Innovationszyklen auch die Lehr- und Lernmethoden weiter, so sind auch diese neuen Methoden den Lehrenden zu vermitteln.

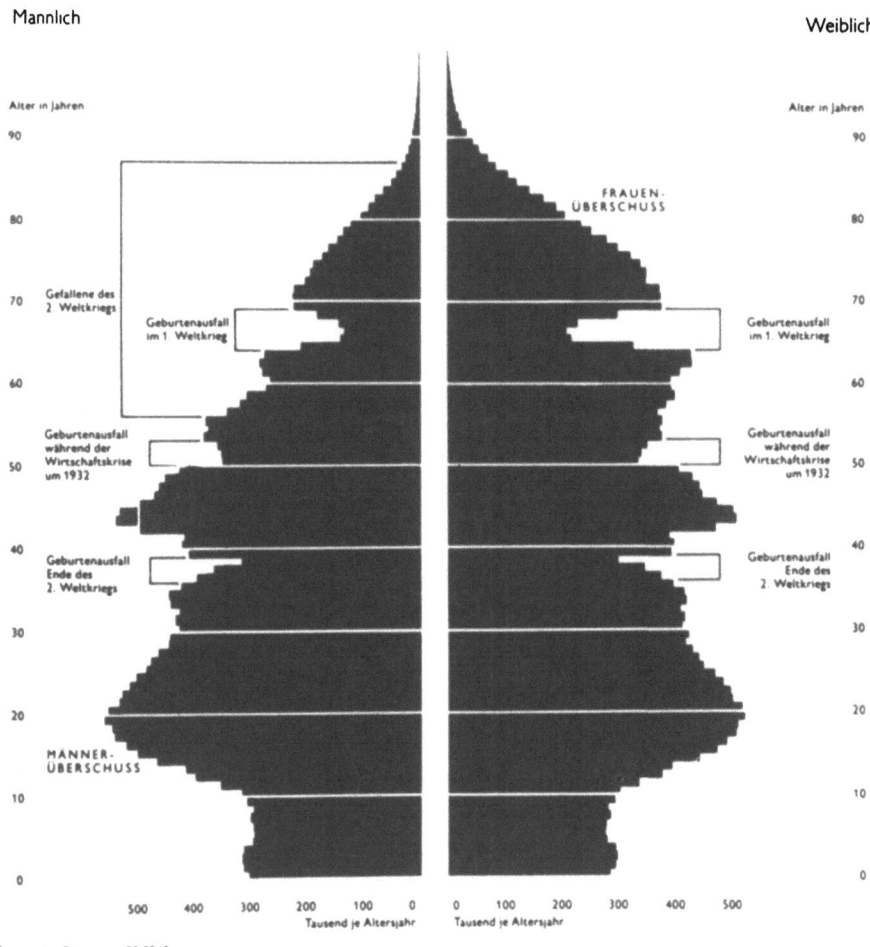

Bild 10: Altersaufbau der Wohnbevölkerung am 31. 12. 1983

Projiziert man diese bisher mehr qualitativ orientierten Aussagen auf unsere demographische Struktur in der Bundesrepublik Deutschland (Bild 10), so kann man aus der Kenntnis von Forschungsschwerpunkten in den sechziger, siebziger und achtziger Jahren gewisse Technologiekonsequenzen für das jeweils um die Innovationszeit phasenverschobene Beschäftigungssystem prognostizieren.

Der Arbeitsmarktbilanz, die in Bild 11 dargestellt ist, liegen einerseits verschiedene Modellvorstellungen bezüglich des Wirtschaftswachstums und der Ausländerwanderungsquoten zugrunde. Zum anderen gehen die Beschäftigungsprognosen von der gleichen demographischen Struktur wie zuvor gezeigt aus, indem eine festgeschriebene Mortalitätsrate berücksichtigt wird.

Neue Technologien – Risiken und Chancen 19

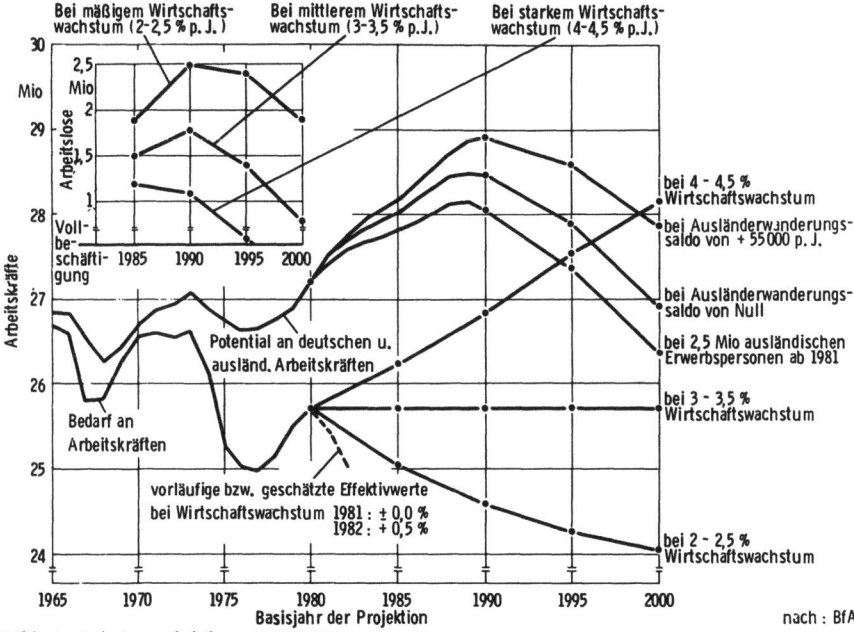

Bild 11: Arbeitsmarktbilanz 1965–2000

Für neue Produktionstechnologien heißt das zur Zeit, daß angesichts von ca. 2,5 Mio Arbeitslosen immer noch aufgrund von weltweiten Wettbewerbsforderungen an weiteren Automatisierungstechnologien gearbeitet wird. Diese werden wahrscheinlich erst marktrelevant, wenn um die nächste Jahrhundertwende weniger Menschen unserer Bevölkerung im arbeitsfähigen Alter sind. Außerdem sollten bis dahin über ein verbessertes Aus- und Weiterbildungssystem die „richtigen" Qualifikationen geschaffen werden, so daß die von den neuen Technologien betroffene Gruppe inzwischen auf ein vertretbares Maß reduziert ist.

Der Versuch, Konsequenzen neuer Produktionstechnologien für das Bildungssystem und die Gesellschaft herzuleiten, zeigt gleichzeitig die Problematik einer Modellentwicklung in diesem Bereich auf. Ich möchte meine Gedanken zu diesem Themenkomplex in drei Thesen zusammenfassen:

1. These: Qualitative und quantitative Prognosen über Technologiefolgen sind möglich auf der Basis von Marktmechanismen unter naturwissenschaftlichen, technischen, ökonomischen und demographischen Randbedingungen.

2. These: Quantitative Aussagen bezogen auf Zeitpunkte, Fristen oder gar Marktanteile (Vertrieb, Nutzung, Arbeitsplätze) sind dort schwierig, wo das Verhalten von Menschen als Entscheidungsträger (als Konsumenten, Investoren, Unternehmer, Arbeitnehmer, Schüler, Gewerkschaftsführer oder Politiker) irrationalen Vorgängen folgt (nicht exakten Wissenschaften).

3. These: Dennoch sind Prognosen notwendig, um im Rahmen revolvierender Planungen Plan-Ist-Vergleiche vornehmen zu können, die zu neuen Standortbestimmungen und zur Bewertung und gegebenenfalls zur Korrektur von Prognosemodellen führen.

Schrifttum

[1] WECK, M., Umdruck zur Vorlesung „Werkzeugmaschinen" an der RWTH Aachen, 1975.
[2] SPUR, G., Aufschwung, Krisis und Zukunft der Fabrik. Vortrag anläßlich des Produktionstechnischen Kolloquiums, Berlin 1983, Sonderdruck ZwF 1983.
[3] Statistisches Bundesamt, Statistisches Jahrbuch 1984 für die Bundesrepublik Deutschland. Verlag W. Kohlhammer GmbH, Stuttgart und Mainz.
[4] Bundesanstalt für Arbeit, Wachstum und Arbeitsmarkt. Informationsbroschüre des Instituts für Arbeitsmarkt- und Berufsforschung der Bundesanstalt für Arbeit, 2. Nachtrag zu Quint AB 1, Nürnberg, 1982.

Diskussion

Herr Batzel: Sie haben anhand vieler Beispiele den Rückgang der Innovationszeiten gezeigt und daraus den berechtigten Schluß gezogen, daß eine häufige Nachschulung aller Lehrer bis zum Professor notwendig ist. Nun gibt es aber eine ganze Reihe von Technologien, bei denen man wegen ihrer Größe und ihres Umfanges eine *Verlängerung* der Innovationszeit beobachtet. Um nur zwei Beispiele zu nennen: der Schnelle Brüter und die Direktreduktion beim Stahl. Aber hier ist doch in gleicher Weise eine häufigere Nachschulung der Lehrenden geboten.

Herr Eversheim: Wenn Sie Bild 7 ansehen, das ich noch von Herrn Opitz übernommen habe, dann erkennen Sie unterschiedliche Beschreibungsmechanismen. Da haben Sie die Transistortechnik als breites Gebiet, und dann haben Sie die NC-Schleifmaschine, also einen sehr engen Raum. Wenn ich als Laie in der Hüttenkunde das auf die Stahlwerke projizieren darf, dann würde ich sagen: Letztendlich ist die Realisierung eines komplexen Stahlwerks, Direktreduktion, oder die Realisierung des Fusionsreaktors doch so komplex, daß hier viele Teildisziplinen gefragt sind, die auch beherrscht und realisiert werden müssen, deren Probleme im sicherheitsrelevanten Bereich natürlich viel vorsichtiger angegangen werden, als wenn Sie eine Technologie haben, die vielleicht nicht so sicherheitsrelevant ist. Biomedizin oder biomedizinische Technik ist sicherlich ein ganz riskantes Gebiet, die „Gen-Schneiderei" usw., wo man aus Sicherheitsgründen viel längere Prozeduren für die Innovation einbaut, weil man kein Risiko eingehen will. Ich glaube, das ist *eine* Erklärung. Die andere ist die Komplexität, und der dritte Punkt ist vielleicht das Niveau, auf dem Sie diese Technik oder Technologie beschreiben. Bei den Beispielen, die Sie genannt haben, ist eben das Lernen in den Teildisziplinen auf dem Weg zu der komplexen Lösung notwendig. Das ist vielleicht eine weitere Erklärung.

Herr Helmstädter: Eine sehr wichtige Frage, die etwas am Rande mit dem, was Sie gesagt haben, zu tun hat, ist die Frage unserer Wettbewerbsfähigkeit, die heute ständig diskutiert wird. Wir Ökonomen haben da behelfsmäßige Indikatoren, zum Beispiel die Entwicklung des Weltmarktanteils bei bestimmten Warengruppen.

Haben Sie als Ingenieur für das Gebiet, das Sie überblicken, andere Kriterien, zum Beispiel einen zeitlichen Entwicklungsvorsprung bei bestimmten Maschinenkategorien? Gibt es unabhängige, nicht aus der Statistik der Außenhandelsentwicklung abzulesende Informationen, die man zur Beurteilung der Wettbewerbsfähigkeit bei bestimmten Warenkategorien, etwa Maschinen, heranziehen könnte?

In meiner zweiten Frage möchte ich Ihre Frage etwas umdrehen. Sie haben ja von den Folgen der Technologie auf die Gesellschaft gesprochen. Umgekehrt hat aber sicher auch die Gesellschaft Folgen für die Entwicklung der Technologie. Wir haben die Vorstellung, daß freier Wettbewerb, dynamischer Wettbewerb, eine der wichtigsten gesellschaftspolitischen Voraussetzungen dafür ist, daß die Innovation schneller vorankommt. Sehen Sie das ähnlich? Kann man die Fähigkeit durch solche Anreizsysteme, die komplex sind und individuellen Motivationen viel Entfaltungsspielraum lassen, auf andere Weise besser erreichen? Haben Sie Erfahrungen, wie erfolgreich verschiedene Gesellschaftssysteme sind?

Es gibt bei uns in der Ökonomie Untersuchungen, die zeigen, wie schwer sich das planwirtschaftliche System bei Erfindungen tut. Haben Sie selbst dazu eine Meinung, wie das Gesellschaftssystem die Geschwindigkeit, mit der der Fortschritt erfolgt, beeinflußt?

Herr Eversheim: Zur ersten Frage: Wir haben grundsätzlich keine anderen Maßstäbe. Wir beobachten auch bei Maschinentypen oder CAD-Arbeitsplätzen usw. die Absatzquoten in den Märkten und die Produktionszahlen der Hersteller. Man muß beides sehen, aber häufig wird nur die eine Seite – in Deutschland sind nur so und so viele NC-Maschinen installiert – gesehen. Das schließt nicht aus, daß unsere Werkzeugmaschinenfabriken 80% ihres Produktspektrums mit NC-Einrichtungen ausrüsten, weil sie mindestens ein Drittel exportieren. Man muß beides sehen, denn nicht immer ist der Inlandsmarkt auch der Absatzmarkt. Also beide Zahlen! Im Vorfeld der Forschung und Entwicklung versuchen wir, über internationale Kontakte ein wenig in die Forschungs- und Entwicklungszentren hineinzusehen, um zu erfahren, woran sie gerade arbeiten und was sie für einen Standard erreicht haben, was man dort in einem dem unseren vergleichbaren Institut auf dem Sektor Softwareentwicklung CAD erreicht hat. Aufgrund dieser Einblicke kann man bis zu einem gewissen Grade auch quantitativ sagen, daß wir noch auf einigen Gebieten führend sind. Daß einem diese Informationen zugänglich sind, bedingt aber wiederum – da kann ich nur für unser Haus reden –, daß wir den Leuten, die wir dort besuchen, auch bei uns Einblick gewähren müssen. Natürlich zeigen wir ihnen nicht die letzten Feinheiten. Dennoch eröffnet sich uns dadurch der Zugang zu den Wettbewerbsinstituten in USA und Japan, wo sich die für diese Technologie bedeutenden Institute befinden. Dies zur ersten Frage.

Zur zweiten Frage: Beeinflußt die Gesellschaft nicht auch die Technologien? Natürlich ist das so, und das ist eigentlich der Ansatz, den wir hauptsächlich im Dialog mit den Gewerkschaftsvertretern gewählt haben. Da mußten wir uns als „Technokraten" ein wenig den Vorwurf machen lassen, die Technologien vorangetrieben zu haben, dabei auch maximal technisch-ökonomisch, aber nicht mehr soziologisch gedacht zu haben. Darüber habe ich mit DGB-Vertretern und mit Vertretern der IG Metall diskutiert, und dabei wurde gesagt, daß die Leute Angst haben. Darauf habe ich als damaliger Prorektor der TH Aachen geantwortet: „Angst ist nach meiner Einschätzung meist durch Unwissen begründet. Gegen Unwissenheit kann man etwas tun. Ich lade Sie ein und zeige Ihnen, was wir auf den Gebieten CAD oder NC-Technik z. Z. erforschen." Das haben wir etwas später auch realisiert. Wir haben vierundvierzig Betriebsräte aus dem Kölner, Aachener und Düsseldorfer Raum in unserem Institut gehabt und haben ihnen gezeigt, an was wir auf dem Sektor CAD/CAM arbeiten. Wir haben darüber diskutiert, was die Einführung dieser neuen Technologien mengen- oder strukturmäßig im Bereich der Arbeitsplätze bewirkt und beeinflußt. Da gab es unter den Vertretern der Gewerkschaft auch erste gesellschaftspolitische Ansätze. Man glaubte, man müsse bei uns den Forschungshahn zudrehen, das sei die richtige Politik, oder man müsse uns das Denken verbieten. Das waren aber nur vereinzelte Stimmen, die auch bald verstummten, und am Ende waren sich alle klar darüber, daß das im internationalen Wettbewerb nicht der richtige Ansatz ist. Man muß aber sehen, welche Konsequenzen diese Entwicklungen für die Zukunft haben, und wie wir diese Konsequenzen für unsere Volkswirtschaft in die richtige Richtung bringen können.

Eine andere Frage ist noch, wie man auf dem Arbeitsmarkt, auf dem Forschungs- und Technologietransfermarkt motivieren kann. Das diskutiere ich im Moment mit unserem Wissenschaftsminister. Die Frage ist doch: Warum sollen wir Technologietransfer machen? Wir sind berufen, Forschung und Lehre angemessen zu vertreten. Doch nur für die Lehre gibt es Geld, für die Forschung schon nicht; das müssen wir uns selber besorgen. Aus dem Wissenschaftshaushalt gibt es da nichts, und vom Technologietransfer hat bis vor einem Jahr niemand gesprochen. Wir praktizieren Technologietransfer in unserem Hause seit Jahrzehnten – einer guten Erfahrung von Herrn Opitz folgend. Erlauben Sie mir einen Vergleich: eine Ingenieurausbildung ohne Kontakt zur Industrie wäre vergleichbar einer Medizinerausbildung ohne Patienten. Wir haben also diesen Transfer bereits in einem frühen Stadium begonnen, haben die Studenten schon in die Industrie geschickt, als es hierfür noch nirgendwo einen Ansatz gab. Dadurch sollten die Studenten auch frühzeitig erste Erfahrungen in der Arbeitswelt sammeln und nicht erst nach Beendigung ihrer Ausbildung als Vorgesetzte in eine ihnen fremde Welt gepflanzt werden.

Die Frage ist also: Wo ist die Motivation zum Technologietransfer? Ich habe zum Beispiel im Bundesbildungsministerium vorgeschlagen, sich zu überlegen, gewisse Disziplinen, die transferträchtig sind, in die KapVO-Formel, die Kapazitätsverordnungs-Formel, hineinzunehmen. Ich habe angeregt, daß ein Hochschullehrer, der sich stark in Technologietransfer engagiert, zwei Lehrdeputatstunden anerkannt bekommt. Das wäre schon ein erster Hinweis, daß auch die Bildungs- und Wissenschaftsministerien dies mit als eine Aufgabenkomponente für bestimmte Disziplinen ansehen. Denn das müssen wir bisher alles noch zusätzlich zu Lehre und Forschung bewerkstelligen. Insofern ist da von der Gesellschaftspolitik oder von der Bildungspolitik her eine ganze Menge verbesserungsfähig, um auch das System Technologieentwicklung oder Technologietransfer und Innovation in eine bestimmte Richtung zu beeinflussen. Wenn Sie nach Japan schauen, dann treffen Sie dort auf eine Verbindung von Ministery of Trade and Industry zu den Großbanken, von den Großbanken wieder zu den Firmen, zu den Hochschulen usw., auf eine nicht sichtbare Planwirtschaft, gemischt mit marktwirtschaftlichen Mechanismen, die dort gewisse Vorteile hat.

Herr Eichhorn: Herr Eversheim, Sie haben als wesentliche Gesichtspunkte für die Annahme neuer Produktionstechnologien durch die Wirtschaft wohl mit Recht die Wirtschaftlichkeit und auch humanitäre Überlegungen herausgestellt. Ich erinnere an das Eingangsbild, das zeigte, wie der Dreher nun plötzlich von der schweren Arbeit entlastet ist.

Ich möchte das unterstreichen, dem aber noch einen weiteren Gesichtspunkt hinzufügen, der implizit bei Ihren späteren Darstellungen angedeutet wurde, nämlich den der Qualität. Grundsätzlich besteht ja bei höher mechanisierten Systemen oder gar bei Automaten die Möglichkeit, eine bessere und vor allen Dingen gleichmäßigere Qualität in der Produktion zu erzeugen. Ich gehe da besonders von meinem engeren Fachgebiet aus, wo diese Forderung vielleicht noch gravierender ist als bei ihren Werkzeugmaschinen.

Nach meiner Erfahrung gehen viele Betriebe schon allein deshalb zu höher mechanisierten Systemen über, um von den Unsicherheiten wegzukommen, die naturgemäß bei manueller Arbeitsweise auftreten, von den sehr hohen Prüfkosten bei steigendem Prüfaufwand und ggf. von den Nacharbeitskosten oder gar von dem Ausschuß sowie von einer dann nicht mehr möglichen Einhaltung von Fertigungsterminen.

Ich glaube also, daß dieser Qualitätsgesichtspunkt auch ein starker Motor für die zunehmende Mechanisierung ist, wenn er auch insofern ambivalent ist, als natürlich ein voll mechanisiertes System zunächst einmal keine Rückmeldung und keine Kontrolle hat. Wenn Sie diesen Gedanken in einem selbstkontrollierenden System verwirklichen, dann kostet das sehr viel Geld. Sie müssen viel zusätzlichen Aufwand an Sensorik, Signalverarbeitung und Prozeßführungsstrategie einbringen. Man muß sich dann überlegen, ob dieser erhöhte Aufwand, der den Menschen voll ersetzen kann, gerechtfertigt ist.

Herr Eversheim: Ich kann das bestätigen. In der Kürze der Zeit konnte ich nicht alle Aspekte ansprechen, aber ich kann das vielleicht hier ergänzen.
Natürlich können Sie auch Qualität quantifizieren. Es muß eine marktgerechte Qualität sein. Wenn Sie Überqualität anbieten und das im Preis nicht honoriert wird, liegen Sie mit Ihrer Produktphilosophie falsch. Sie müssen die Qualität eben mit den adäquaten Produktionsfaktoren herstellen.
In Japan, wo es hochautomatisierte Anlagen gibt, habe ich die Verantwortlichen gefragt: Habt ihr diese Anlagen zur Senkung der Lohnkosten eingeführt? Dann war die Antwort: *Increase quality, increase reliability.* Und das bei japanischer Mentalität, bei japanischer Einstellung zur Arbeit, die ja, ähnlich wie vieles andere, auch von der Mentalität der Deutschen kopiert ist. Da haben die Japaner also gute Eigenschaften übernommen. Aber das Zielkriterium war nicht, den Lohnkostenanteil zu senken, sondern die Sicherung der Qualität auf einem hohen Niveau bei hochautomatisierten Systemen in den Griff zu bekommen.

Herr Potthoff: Sie haben die demographische Entwicklung dargestellt und auch die Konsequenzen daraus für die Ausbildung und Weiterbildung. In der Wirtschaft ist, glaube ich, die Frage der Weiterbildung genügend bekannt und wird auch intensiv entwickelt und betrieben. Sie haben angedeutet, daß sicherlich auch Auswirkungen auf die Ausbildung der Studierenden bestehen, und dazu meine Frage: Welche konkreten Erfordernisse und welche Möglichkeiten sehen Sie, um diesen Folgen der Bevölkerungsentwicklung für das Studium zu begegnen?

Herr Eversheim: Ich habe darüber intensive Diskussionen im Bildungsministerium geführt, an denen auch Arbeitnehmervertreter teilnahmen und ihre Erfahrungen einbrachten. Hinsichtlich der Weiterbildung und ihrer Bedeutung war Herr Pizolo, der zuständige Staatssekretär, der anwesend war, der Meinung, Weiterbildung sei zur Zeit nicht gefragt, sie sei erst in den nächsten Jahren gefragt. Da habe ich heftigst widersprochen und gesagt: Weiterbildung ist auch heute schon gefragt, nur sind wir mit der Erstausbildung so überlastet, daß wir Weiterbildung nicht im notwendigen Maße wahrnehmen können. Es stellt sich die Frage, ob wir uns für die Zukunft damit begnügen wollen, um die zahlenmäßig immer weniger werdenden Erstauszubildenden zu wetteifern, oder ob wir vorhandene Kapazitäten auf Weiterbildung, auf Zusatzstudien – Herr Knoche kann dazu etwas sagen – konzentrieren und diese Funktionen wahrnehmen, die für unsere Arbeiterschaft in allen Kategorien dringend notwendig sind. Ich glaube, da können die ausbildenden Institutionen, wenn sie von der Erstausbildung etwas entlastet werden, entsprechende Kapazitäten verlagern.

Ein Beispiel aus der täglichen Praxis mag die grundsätzlichen Schwierigkeiten aufzeigen, denen wir in diesem Bereich gegenüberstehen: Fast täglich gehen bei mir Anfragen nach Leuten ein, deren Ausbildung auch die CAD-Technologien einschließt. Es sind auf Wissenschaftlerebene so wenig, daß man selbst unter Einbeziehung der Ausbildungskapazitäten der Kollegen in Berlin, Bochum oder Karlsruhe genau sagen kann, welcher Fachmann wann und wo frei wird. Die Geräte, die uns für CAD-Ausbildung zur Verfügung stehen, sind über Forschungsvorhaben zur Weiterentwicklung der CAD-Technik beschafft. Diese Geräte sind für die Maschinenbaustudenten kaum zugänglich, so daß sie die CAD-Ausbildung im notwendigen Ausmaß erst gar nicht erfahren.

Daraus ergibt sich folgerichtig die Forderung nach entsprechenden CAD-Ausbildungsplätzen im Hochschulbereich auf der einen Seite, zum anderen im Bereich der Berufsschulen, die die technischen Zeichner ausbilden sollen. Hier wie dort stellt sich das Problem der Finanzierung solcher CAD-Ausbildungsplätze. Sowohl das Bildungs- wie auch das Wissenschaftsministerium haben jedoch keine Gelder vorgesehen, um Modellprojekte zu finanzieren und wirklich zu testen, die sowohl den Hochschulwissenschaftler wie auch den technischen Zeichner der Berufsschule umfassen.

Es ist uns in Aachen gelungen, auf ungewöhnlichem Wege Finanzmittel in Höhe von 2,2 Mio DM bereitzustellen, aus denen vierzehn CAD-Arbeitsplätze finanziert werden konnten. Zwölf CAD-Arbeitsplätze stehen in zwei Aachener und einer Alsdorfer Berufsschule, zwei haben wir für die Studenten unseres Instituts abgezweigt. So ist es jetzt möglich, unter dem Motto „Modellversuch" wirklich Leute auszubilden. Die Kernfrage der Finanzierung solcher Modellversuche bleibt jedoch bestehen. Mit den üblichen Haushaltsmitteln – das ist bekannt – ist das jedenfalls nicht möglich.

Herr Krelle: Sie sprachen gerade auch in der Diskussion von den Hindernissen bei der Anwendung der Technologie. Sie haben aber in Ihrer Einführung gesagt, jede neue Technologie wäre ambivalent. Solche Feststellungen führen aber gerade zu den Hindernissen.

Ich meine, daß jede neue Technologie, die uns neue Möglichkeiten eröffnet, grundsätzlich positiv zu bewerten ist. Daß alles, was existiert, auch mißbraucht werden kann, ist klar. Wir können jeden Menschen mit irgendeinem Instrument töten, wenn wir wollen, z. B. mit einem Hammer.

Deswegen, meine ich, sollten wir die Möglichkeit des Mißbrauchs nicht in den Vordergrund stellen. Die einzige Chance, die wir als Industrienation haben, eine führende Stellung zu halten, besteht darin, an der Spitze des Fortschritts zu marschieren, also neue Technologien einzuführen. Dann dürfen wir aber nicht von Ambivalenz sprechen. Alles neue ist erwünscht, es erweitert unsere Handlungsmöglichkeit. Natürlich muß man den Mißbrauch verhindern.

Die Anwendung der Technologie, von der Sie hinterher sprachen, muß die sozialen Folgen berücksichtigen; aber das braucht die Anwendung nicht zu behindern. Den Opfern des technischen Fortschritts, wie etwa den Webern in Schlesien, die damals, als die Textilindustrie eingeführt wurde, in eine schlimme Situation kamen, soll man helfen. Aber wir können doch nicht die Textilindustrie verbieten oder deren Einführung behindern, um den Webern eine eigene Handweberei zu ermöglichen.

Dies alles ist eine Frage der sozialen Kompensation. Die Hindernisse, die die technologie- und industriefeindliche grüne Bewegung aufbaut, soll man nicht noch vergrößern, sondern abbauen. Das war der erste Punkt.

Der zweite Punkt bezieht sich auf die Übertragung von Informationen. Ich stimme dem zu, was Sie hinsichtlich der Schulung gesagt haben. Man könnte vielleicht noch einen Punkt einführen, der gerade in der Bundesrepublik eine Rolle spielt. Nicht nur die Schulung, sondern auch der Wechsel von Menschen von der Forschung zur Anwendung und wieder zurück ist bei uns durch das Beamtensystem sehr erschwert. Man kann ja seine Position z. B. in der Universität nicht aufgeben, um einmal einige Jahre an anderen Instituten zu arbeiten. Wenn man einmal draußen ist, kommt man ja nicht wieder in die alte Position zurück. Das ist in den USA anders; das muß man sich einmal ansehen.

Der dritte Punkt ist die relative Schnelligkeit, mit der etwas eingeführt wird. Sie haben Durchschnittszahlen genannt. Wenn man Japan, USA, Bundesrepublik und UdSSR vergleicht, dann stehen die Japaner vorn, die Amerikaner kommen dicht dahinter, die Bundesrepublik folgt mit reichlichem Abstand, und die UdSSR ist ganz am Schluß, weil sie den Wissenstransfer von der Forschung (und das ist meist militärische Forschung) zur Praxis ja bewußt verhindert. Durch die vielen Geheimhaltungsbestimmungen ist alles abgeschirmt; keiner darf dem anderen etwas sagen, so daß der Transfer verhindert wird.

Wir können die Schnelligkeit des Transfers steigern. Das geht am leichtesten, wenn die Menschen, die das Wissen haben, dahin gehen, wo es angewendet werden kann. Es genügt nicht, den Menschen etwas beizubringen. Vielmehr müssen die, die es können, in die Praxis gehen. Nach einer gewissen Zeit sollten sie wieder zur Forschung zurückkommen können. Kurz: wir brauchen mehr Beweglichkeit.

Herr Eversheim: Zunächst zur Ambivalenz. Ich habe bewußt, auch als Ingenieur, gesagt: Diese neue Technologie im Sinne von Wissen um Technik, um Prozesse usw. ist zunächst ambivalent. Sie können bei mir ebenso wie vielleicht bei Ihnen voraussetzen, daß ich als Person auf Grund meiner Moral oder Grundethik natürlich auch nur ein positives Vorzeichen anstreben würde. Aber zunächst ist das einmal ambivalent. Die Erkenntnis um die Atomkraft war einmal da und dann hat man das eine und das andere daraus gemacht. Dasselbe gilt für die Laser-Technik. Es ist eben entscheidend, wem das an die Hand gegeben wird und welche Grundmoral oder welche Grundethik derjenige hat, der Machtträger ist, der nun daraus etwas macht. So muß man das wohl sehen.

Herr Krelle: Dann ist Nicht-Wissen besser als Wissen.

Herr Eversheim: Ja, aber deshalb können Sie das Wissen, das Denken nicht verbieten. Das kann ich sehr schön an dem Beispiel Personal Computer verdeutlichen. Von der Arbeitnehmervertreterseite her wird das teilweise ein wenig negativ angestrichen: Vernichtet das nicht noch weitere Arbeitsplätze, und das bei schon 2,6 Millionen Arbeitslosen? Das ist eine große Gefahr, und die Arbeitnehmervertreter haben auch die Aufgabe, den Finger zu heben und vor gewissen Entwicklungen zu warnen. Das wäre also die negative Konsequenz. Wir haben z. B. einen Personal Computer, der eigentlich für das Rechnen da war, schon vor Jahren umfunktioniert und ein Textsystem daraufgebracht. Wenn Sie meine Sekretärin fragen, dann ist sie froh, daß sie stupide Arbeit, wegen drei Tippfehlern auf einer Seite die ganze Seite noch einmal herunterschreiben zu müssen, nicht mehr zu machen braucht. Für die Sekretärin ist das also eine Erleichterung. Man kann das aber auch anders interpretieren und sagen: Wenn es dieses neue Gerät nicht gäbe, müßte mehr geschrieben werden. Und irgendwann kommt der Punkt, an dem die Gewerkschaft die Einstellung einer weiteren Dame fordert. Da sie nicht eingestellt wird, ist also ein „potentieller" Arbeitsplatz vernichtet. Das kann man also aus zwei Richtungen sehen. Ich bin nach wie vor der Meinung, daß das Wissen zunächst einmal ambivalent ist, und es ist die Frage, wer was daraus macht.

In meiner Eigenschaft als Senatsbeauftragter für Technologietransfer habe ich einmal gesagt: Wenn man sich einmal die Barrieren anschaut, dann sind viele dieser Barrieren falsche Sprache, falsche Dokumentation, etwa weil wir es wissenschaftlich dokumentieren, während es jedoch anders aufbereitet benötigt wird, not-invented-here-effect usw. Die meisten dieser Barrieren kann man umgehen, indem man Personen transferiert. Ich habe damals gesagt: Der Transfer findet in Personen statt. Herr Riesenhuber hat das irgendwann einmal aufgegriffen und gesagt: Der Transfer findet in den Köpfen statt. Die Frage ist, wie dieser Transfer aus den Hochschulen heraus vor sich gehen kann. Für unser Institut kann ich sagen: Die einzigen, die am Institut bleiben, sind die Professoren, und auch wir haben uns bis zu einem bestimmten Alter noch den Rücksprung in die Industrie offengehalten. Aber sonst geht jeder hinaus, der Student, aber auch die wissenschaftlichen Mitarbeiter. Es bleibt keiner; vielleicht kommt irgendwann einmal jemand als Professor wieder. Das ist unser System. Ich kann also nur unterstreichen, daß Personaltransfer wichtig ist.

Dafür, warum die Innovationsgeschwindigkeit in Japan, USA und Deutschland unterschiedlich sind, gibt es verschiedene Erklärungen. Sie haben richtig gesagt, daß Japan hier vor den USA liegt. Wir haben in der Bundesrepublik als magische Zahl – in Japan ist sie ähnlich – einen *return on investment* (ROI) von drei Jahren für eine Investitionsentscheidung. In den USA liegt diese Zahl unter einem Jahr, weil der Manager innerhalb eines Jahres Erfolg haben muß; sonst erreicht er das zweite Jahr nicht mehr. Er muß also vorher Erfolg haben, und das ist hinderlich, um gewisse Risiken einzugehen, die man nicht quantifizieren kann, zum Beispiel flexible Fertigungssysteme. Wir tun uns im Moment schwer, Flexibilität zu quantifizieren. Das können wir nur über Simulation. Die Kostenseite können wir gut definieren, hinsichtlich der Ertragsseite stützen wir uns jedoch nur auf Annahmen. Wenn das Vertriebsprogramm schwankt, wie zahlt es sich dann aus? Das ist eine Zeitraumbetrachtung, aber nicht eine Zeitpunktbetrachtung. Das ist eine Erklärung für unterschiedliche Innovationszeiten, und es gibt noch einige Randparameter.

Das führt uns zurück auf die Frage: Was können wir in unserem politischen System tun, um eventuell die Diffusion zu beschleunigen und die Innovationszeiten zu verbessern? Ich möchte jetzt nicht den Politikern oder vielleicht den Angehörigen der nicht-exakten Wissenschaften irgendwelche Vorwürfe machen, die ja auch Kompromisse machen müssen, die, wenn sie sich einen Vorteil versprechen, auch irgendwo einen Nachteil einkaufen und hier sicherlich auch die Gegenmechanismen mitbetrachten müssen.

Herr Pischinger: Sie haben die Bedeutung der Weiterbildung erwähnt, die ja auch in der Diskussion schon angesprochen wurde. Das ist ein Problem, das die großen Unternehmen nicht nur erkannt haben, sondern sie handeln auch danach. Ein Musterbeispiel ist die Firma Siemens mit einem gewaltigen Ausbildungsapparat in der Firma, der sicherlich potenter ist als manche Universität.

Die großen Unternehmen stellen sich auf diese Weise dem zunehmend raschen Wechsel und führen die Weiterbildung durch. Die Hochschulen in der Bundesrepublik stehen heute zum Teil abseits, weil sie mit der Grundausbildung überlastet sind. Nur wenige Institute können Schritt halten und damit in Zukunft an der Weiterbildung qualifiziert mitwirken.

Die kleinen Unternehmen, die das nicht können, fallen dabei immer weiter zurück, obwohl man weiß, auch aus den USA, daß das die Hauptinnovationsträger sein sollten.

Sehen Sie einen Ausweg aus diesem Dilemma? Die Amerikaner machen es ja so, daß sie sehr viel über University Extension, also über die Weiterbildung aus den

Universitäten heraus in Kooperation mit großen und kleinen Firmen tun, was bei uns nur teilweise üblich ist.

Herr Eversheim: Das ist natürlich eine Gefahr. Die großen Firmen haben gewisse Finanzstärken, um Probleme der innerbetrieblichen Weiterbildung selbst aufgreifen zu können. Das ist an sich auch der Nachteil des amerikanischen Bildungssystems für das Ingenieurwesen, den ich im Vergleich zu uns sehe. Dort werden Leute in den Grundlagen weitgehend gut ausgebildet, aber sie sind nach meinem Verständnis keine fertigen Ingenieure und werden erst von den Großfirmen zu richtigen Ingenieuren weitergebildet, wenn sie schon an diese Firmen gebunden sind. Es ist sicherlich ein Vorteil unseres Bildungssystems, daß wir für den freien Markt, also auch für die kleinen und mittleren Unternehmen gut ausgebildete Ingenieure bringen. Die Gefahr ist allerdings groß, daß die finanzschwächeren kleinen Unternehmen in Rückstand geraten, wenn die Weiterbildung über öffentliche Einrichtungen nicht zusätzlich gefördert wird. Es gibt Gott sei Dank auch Ausnahmen, und ich kann hier ein Beispiel zitieren, das ich immer wieder bringe. Wir arbeiten mit einer kleinen Firma aus St. Gallen in der Schweiz zusammen, die 250 Beschäftigte hat. Das ist wohl eines der modernsten Unternehmen, die ich kenne. Es stellt Etikettendruckmaschinen her. Das Unternehmen arbeitet inzwischen ausschließlich auf NC-Maschinen. Bei 250 Leuten sind 160 Terminals mit Fernleitung nach USA zum Vertriebsbüro installiert. Das Unternehmen wendet seit 1975 Computer-aided-design-Systeme (CAD) an und das zeigt, daß es geht. Das Unternehmen hat allerdings eine günstige Voraussetzung: Es ist eine Aktiengesellschaft, der Unternehmer hält alle Aktien und kann selbst entscheiden, muß also nicht häufig seinen Controller fragen. Er investiert sehr viel in die Firma, zieht kaum Dividende heraus, ist sehr finanzstark, macht trotz der Größe des Unternehmens fast alles mit Eigenkapital und hat sich somit im Endeffekt immer noch weiter als Marktführer weltweit entwickelt.

Herr Pischinger: Macht er Weiterbildung selber?

Herr Eversheim: Er hat interessanterweise Leute von uns übernommen. Im Wege des Personaltransfers hat er den Mann mit seinem Know-how übernommen, der für ihn die Entwicklung gemacht hat, und hat weitere nachgezogen. Er macht zudem Ausbildung selber, unterstützt jetzt als Mäzen die Ingenieurschule in St. Gallen, weil St. Gallen in der Ostschweiz im Vergleich zu Zürich ein wenig Diaspora ist. Er fördert also die Infrastruktur der Region. Das ist eine Möglichkeit, die wir in Aachen noch nicht haben. Er schließt die Ingenieurschule in St. Gallen an seine Datenbank an. Dort kann man also mit dem eigenen Programm arbeiten und die Datenbänke des Unternehmens nutzen. Es ist also machbar, obwohl dies ein kleines Unternehmen ist.

Herr Springer: Wir wissen ja, daß die Automaten Arbeitsplätze ersetzen, und zwar Arbeitsplätze von geringerer Qualität, und sie erzeugen dann wenige Arbeitsplätze von vielleicht qualifizierterer Art. Andererseits steht hinter jedem Automaten natürlich ein großer Aufwand von Fertigung und Herstellung von Hardware und Software, und die Lebensdauer dieser Geräte ist relativ kurz. Das heißt, dahinter steht die Erzeugung von neuen Arbeitsplätzen. Kann man argumentieren, daß dieses die Zerstörung der Arbeitsplätze in gewissem Umfang kompensiert? Oder gibt das eine andere Größenordnung?

Herr Eversheim: Es gibt verschiedene Ansätze, das zu interpretieren, ob Sie nun die Arbeitgebervertretung fragen oder die Arbeitnehmervertretung. Mit Sicherheit ist eine solche Rechnung bis zu einem gewissen Grade zulässig, nur muß man in der Tat sehen, wieviel Arbeitsstunden da tatsächlich verlagert werden. Wenn ich mit den Arbeitnehmervertretern diskutiere, wie ich die Konsequenzen der Technologien als Auswirkung sehe, die wir zur Zeit erarbeiten, dann habe ich in erster Linie Sorge um die Arbeitsplätze, die wenig Anforderungen stellen. Häufig sind einfache Tätigkeiten auch am ehesten einer Automatisierung oder einer automatisierten Lösung zugänglich. Bei komplexen Dingen wird das immer schwieriger, ist es teilweise heute technisch gar nicht machbar. Der Mensch verfügt doch über viele Fähigkeiten, die schwer zu imitieren sind. Wenn also von diesen Fähigkeiten wenig gefordert ist, ist die technische Lösung am ehesten wirtschaftlich machbar.

Die Frage ist: Wie groß ist das Potential der Arbeitnehmerschaft, die arbeiten soll, um das Bruttosozialprodukt zu erbringen? Wie groß ist die Gruppe derjenigen, die weder fähig noch willens sind hinzuzulernen? Wenn diese Arbeitnehmer nicht bereit sind, sollte man die Motivation steigern, damit sie bereit werden. Aber wenn sie nicht fähig sind, dann stellt sich die Frage, was aus dieser Gruppe werden soll. Teilweise kann man Fähigkeiten durch Ausbildung verbessern, aber wenn die Basisvoraussetzungen fehlen, dann ist da auch nichts zu machen. Das ist, glaube ich, die kritische Gruppe, über die wir uns gemeinsam unterhalten müssen und die wiederum in einem gesellschaftspolitischen System nicht zu groß werden darf; sonst bricht das System zusammen.

Herr Appel: Ich habe noch eine Anmerkung zu der Frage von Herrn Pischinger. Ganz so draußen stehen die Hochschulen doch nicht bei der Fortbildung. Ein gutes Beispiel gibt, glaube ich, die Chemie. Dort organisiert die Gesellschaft deutscher Chemiker schon seit vielen Jahren erfolgreich Fortbildungskurse mit Hochschullehrern, die außerordentlich stark besucht werden und auf denen von Hochschullehrern auf bestimmten Gebieten neue Erkenntnisse vermittelt werden. Das ist eine sehr erfolgreiche Tätigkeit, die von den Kollegen aus der Industrie auch sehr intensiv genutzt wird. Das ist vielleicht ein empfehlenswertes Beispiel für andere wissenschaftliche und technologische Gesellschaften.

Herr Pischinger: Das ist mir bekannt, und das kann man nur sehr begrüßen.

Herr Grünewald: Ich wollte noch ein Wort aus meiner Sicht dazu sagen. Wir haben hier sehr speziell über das Arbeitsgebiet von Prof. Eversheim diskutiert. Wir müssen heute zur Kenntnis nehmen, daß wir zur Zeit einen Innovationsschub haben, der in dieser Art ungewöhnlich ist. Wenn Sie die Kurve, die Sie gezeigt haben, weiterführen, dann ist das folgerichtig, und das wird uns jetzt in den achtziger Jahren klar.

Wir haben mit Hilfe der modernen Technik gelernt, die Zusammenarbeit der einzelnen Fakultäten zu einem unerhörten Synergismus zu bringen. Wir sprechen heute über Gen-Technologie, die vor zehn oder zwölf Jahren vielleicht theoretisch konzipiert war, aber nicht realisiert werden konnte, weil das technische Handwerkszeug fehlte.

Diese Entwicklung können wir von der Gen-Technologie auch auf andere Gebiete übertragen: auf die numerisch gesteuerten Maschinen, auf die Optik usw. Ich bin in einem Unternehmen beratend tätig und habe dort gerade erlebt, wie solide deutsche mechanische Arbeit in Kombination mit dem Computer, mit der Mikroelektronik, einen Innovationsschub ergibt, so daß wir Länder, die diese Möglichkeit nicht haben, überrunden.

Wenn wir heute darüber diskutieren, daß wir vielleicht auf einigen Gebieten in Deutschland zurückhängen, dann ist das aus meiner Sicht ganz natürlich. Wir haben z. B. in den beiden Weltkriegen und in der Nazizeit beispiellose Verluste an Intelligenz gehabt; sie sind nicht so schnell wieder aufzuholen. Wir müssen uns mit dem Markt eines 60-Millionen-Volkes – wenn wir uns mit den großen Märkten der Amerikaner und Japaner vergleichen – damit abfinden, daß wir nicht überall an der Spitze sein können, da unsere Ressourcen kleiner sind. Dennoch müssen wir versuchen, den Anschluß zu halten. Das gilt vor allem auch im Hinblick auf die großen Unternehmen in diesen beiden Ländern. Wenn Sie sich vorstellen, wie groß der Gewinn z. B. einer Firma wie IBM ist, dann werden Sie sehen, daß IBM mit diesem Jahresgewinn eine deutsche Großfirma aufkaufen könnte.

Wenn die amerikanische Antitrustbehörde IBM nicht zerschlägt oder das Management keine gravierenden Fehler macht – was ich ausschließe –, dann ist IBM kaum noch einzuholen. Das zu sagen, mag eine Provokation für andere Unternehmen sein, aber es ist ein bißchen Wahrheit darin. Wir stellen eben fest, daß aufgrund auch der innovativen synergistischen Zusammenarbeit die Forschung immer mehr kostet.

Es sind auf der einen Seite die großen Unternehmen, die selbst Grundlagenforschung betreiben, auch wenn sie auf der anderen Seite auf die mittleren Unternehmen angewiesen sind, weil diese die Grundinnovationen in den Markt einschleusen, wie es ein Großunternehmen so nicht kann.

Zu dem, was Herr Appel gesagt hat, möchte ich noch einmal herausstellen, daß die Industrie sich bemüht, auch mit den Universitäten zusammenzuarbeiten, um Innovationen zu erleichtern. Wir müssen uns weltweit öffnen, nicht nur im Markt, um weltweit neue Forschungsgebiete zu erschließen. Wenn wir z.B. feststellen, daß wir in der Chemie gegenüber den USA ein Defizit haben – in der Bio-Technologie, in der Gen-Technologie –, so scheint es zunächst unmöglich, dieses Gap aus eigener Kraft aufzuholen. Ein Rezept, dies nachzuholen, kann sein, weltweit tätig zu werden, in Amerika Fuß zu fassen, nicht nur hier, sondern auch dort Forschung zu betreiben und mit den amerikanischen Universitäten zusammenzuarbeiten wie mit deutschen Universitäten. Deutsche Unternehmen müssen stärker weltweit operieren, um den gesamten Erkenntnisstand des Weltmarktes zu nutzen.

Herr Eversheim: Ich kann das eigentlich nur bestätigen, Herr Grünewald. Gerade im Rahmen meiner Technologietransfer-Aktivitäten habe ich jetzt kürzlich mit unserem Beirat zusammengesessen. Dazu gehört ein Bauunternehmer aus der Nähe von Aachen, der trotz der schlechten Lage der Bauindustrie mit Aufträgen übervoll ist. Er arbeitet auf Grund der Tatsache, daß er das Bauwesen mit Mikroprozessor-Rechnern gekoppelt hat, auch in San Francisco. Er kann im Wettbewerb zu amerikanischen Bauunternehmen Aufträge hereinholen. Das zeigt also, daß das machbar ist. Und ich darf noch ergänzend dazu ein Beispiel für Personaltransfer anführen: Nach dem Kriege haben wir feststellen müssen, daß die Russen die Objekte und die Lösungen mitgenommen haben, während die Amerikaner die Leute mitnahmen. Die Amerikaner waren also intelligenter, weil Personen eben die beste Transfermöglichkeit bieten. Und wir haben auch in den Schlüsselindustrien Boden verloren, in denen wir lange nicht produzieren durften, zum Beispiel im Bereich Luft- und Raumfahrt, die natürlich ebenfalls einen erheblichen Push-Effekt auf gewissen Sektoren gehabt haben. Um aber noch einmal darauf zurückzukommen: Der Austausch in Technologien über die Landesgrenzen hinweg – das tun wir auch als Forschungsinstitut – ist die einzige Möglichkeit, den Erkenntnisstand des gesamten Marktes zu überblicken.

Veröffentlichungen
der Rheinisch-Westfälischen Akademie der Wissenschaften

Neuerscheinungen 1982 bis 1987

Vorträge N Heft Nr.		NATUR-, INGENIEUR- UND WIRTSCHAFTSWISSENSCHAFTEN
310	Edmond Malinvaud, Paris	La profitabilité comme facteur de l'investissement
	Burkart Lutz, München	Einige Aspekte von Theorie und Empirie segmentierter Arbeitsmärkte
311	Hans Jürgen Schmitt, Aachen	Der Mensch im elektromagnetischen Feld
	Günter Rau, Aachen	Ergonomie in der Medizin
312	Klaus Heckmann, Münster	Über *omikron*-Partikel und andere Symbionten von Ciliaten
	Detlev Riesner, Düsseldorf	Viroide: Struktur und Funktion der kleinsten Krankheitserreger
313	Sven Effert, Aachen	Arrhythmien des Herzens
314	Kurt Schmidt, Mainz	Verlockungen und Gefahren der Schattenwirtschaft
315	Eckart Reiche, Krefeld	Tagebau Hambach: Voraussetzungen – Probleme – Lösungen
	Hans-Ulrich Schmincke, Bochum	Vulkane und ihre Wurzeln
316	Roland Kammel, Berlin	Umweltschutz durch Abwasserelektrolyse
	Ernst-Ulrich Reuther, Aachen	Zur Problematik tiefer Bergwerke
317	Wilfried König, Aachen	Fertigungstechnologie in den neunziger Jahren
	Manfred Weck, Aachen	Werkzeugmaschinen im Wandel
318	Heinz Maier-Leibnitz, München	Die Wirkung bedeutender Forscher und Lehrer – Erlebtes aus fünfzig Jahren
	Reimar Lüst, München	Derzeitige Bedingungen und Möglichkeiten für Forschung in der Bundesrepublik Deutschland
319	Theo Mayer-Kuckuk, Bonn	Hermes und das Schaf – interdisziplinäre Anwendungen kernphysikalischer Beschleuniger
320	Gustav V. R. Born, London	Die Rolle der Thrombozyten bei der Athero- und Thrombogenese
321	Siegfried Großmann, Marburg	Deterministisches Chaos
	Günter Harder, Bonn	Experimente in der Mathematik
322	1. Akademie-Forum	Technische Innovationen und Wirtschaftskraft
	Horst Albach	Innovationen für Wirtschaftswachstum und internationale Wettbewerbsfähigkeit
	Alfred Fettweis	Die Elektronikindustrie – Schlüssel für die zukünftige wirtschaftliche Entwicklung
323	Manfred Depenbrock, Bochum	Energieumformung und Leistungssteuerung bei einer modernen Universallokomotive
324	Franz Pischinger, Aachen	Möglichkeiten zur Energieeinsparung beim Teillastbetrieb von Kraftfahrzeugmotoren
	Dietrich Neumann, Köln	Die zeitliche Programmierung von Tieren auf periodische Umweltbedingungen
325	Hans-Georg von Schnering, Stuttgart	Clusteranionen: Struktur und Eigenschaften
	Arndt Simon, Stuttgart	Neue Entwicklungen in der Chemie metallreicher Verbindungen
326	Fritz Führ, Jülich	Praxisnahe Tracerversuche zum Verbleib von Pflanzenschutzwirkstoffen im Agrarökosystem
	Hermann Sahm, Jülich	Biogasbildung und anaerobe Abwasserreinigung
327	Hans-Heinrich Stiller, Jülich/Münster	Das Projekt Spallations-Neutronenquelle
	Klaus Pinkau, Garching	Stand und Aussichten der Kernfusion mit magnetischem Einschluß
328	Peter Starlinger, Köln	Transposition: Ein neuer Mechanismus zur Evolution
	Klaus Rajewsky, Köln	Antikörperdiversität und Netzwerkregulation im Immunsystem
329	Wilfried B. Krätzig, Bochum	Große Naturzugkühltürme – Bauwerke der Energie- und Umwelttechnik
	Helmut Domke, Aachen	Neue Möglichkeiten in der Konstruktiven Gestaltung von Bauwerken
330	Volker Ullrich, Konstanz	Entgiftung von Fremdstoffen im Organismus
331	Alexander Naumann †, Aachen	Fluiddynamische, zellphysiologische und biochemische Aspekte der Atherogenese unter Strömungseinflüssen
	Holger Schmid-Schönbein, Aachen	
332	Klaus Langer, Berlin	Die Farbe von Mineralen und ihre Aussagefähigkeit für die Kristallchemie
	Tasso Springer, Aachen/Jülich	Diffusionsuntersuchungen mit Hilfe der Neutronenspektroskopie
333	Wolfgang Priester, Bonn	Urknall und Evolution des Kosmos – Fortschritte in der Kosmologie
334	Raoul Dudal, Rom	Land Resources for the World's Food Production
	Siegfried Batzel, Herten	Der Weltkohlenhandel
335	Andreas Sievers, Bonn	Sinneswahrnehmung bei Pflanzen: Graviperzeption

336	Alain Bensoussan, Paris	Stochastic Control
	Werner Hildenbrand, Bonn	Über den empirischen Gehalt der neoklassischen ökonomischen Theorie
337	Jürgen Overbeck, Plön	Stoffwechselkopplung zwischen Phytoplankton und heterotrophen Gewässerbakterien
	Heinz Bernhardt, Siegburg	Ökologische und technische Aspekte der Phosphoreliminierung in Süßgewässern
338	Helmut Wolf, Bonn	Fortschritte der Geodäsie: Satelliten- und terrestrische Methoden mit ihren Möglichkeiten
	Friedel Hoßfeld, Jülich	Parallelrechner – die Architektur für neue Problemdimensionen
339	Claus Müller, Aachen	Symmetrie und Ornament (Eine Analyse mathematischer Strukturen der darstellenden Kunst)
		Jahresfeier am 9. Mai 1984
340	Karl Gertis, Essen	Energieeinsparung und Solarenergienutzung im Hochbau – Erreichtes und Erreichbares
	Paul A. Mäcke, Aachen	Die Bedeutung der Verkehrsplanung in der Stadtplanung – heute
341	Werner Müller-Warmuth, Münster	Einlagerungsverbindungen: Struktur und Dynamik von Gastmolekülen
	Friedrich Seifert, Kiel	Struktur und Eigenschaften magmatischer Schmelzen
342	Heinz Losse, Münster	Die Behandlung chronisch Nierenkranker mit Hämodialyse und Nierentransplantation
	Ekkehard Grundmann, Münster	Stufen der Carcinogenese
343	Otto Kandler, München	Archaebakterien und Phylogenie
	Achim Trebst, Bochum	Die Topologie der integralen Proteinkomplexe des photosynthetischen Elektronentransportsystems in der Membran
344	Marianne Baudler, Köln	Aktuelle Entwicklungstendenzen in der Phosphorchemie
	Ludwig von Bogdandy, Duisburg	Kontrolle von umweltsensitiven Schadstoffen bei der Verarbeitung von Steinkohle
345	Stefan Hildebrandt, Bonn	Variationsrechnung heute
346	3. Akademie-Forum	Umweltbelastung und Gesellschaft – Luft – Boden – Technik
	Hermann Flohn	Belastung der Atmosphäre – Treibhauseffekt – Klimawandel?
	Dieter H. Ehhalt	Chemische Umwandlungen in der Atmosphäre
	Fritz Führ u. a.	Belastung des Bodens durch lufteingetragene Schadstoffe und das Schicksal organischer Verbindungen im Boden
	Wolfgang Kluxen	Ökologische Moral in einer technischen Kultur
	Franz Josef Dreyhaupt	Tendenzen der Emissionsentwicklung aus stationären Quellen der Luftverunreinigung
	Franz Pischinger	Straßenverkehr und Luftreinhaltung – Stand und Möglichkeiten der Technik
347	Hubert Ziegler, München	Pflanzenphysiologische Aspekte der Waldschäden
	Paul J. Crutzen, Mainz	Globale Aspekte der atmosphärischen Chemie: Natürliche und anthropogene Einflüsse
348	Horst Albach, Bonn	Empirische Theorie der Unternehmensentwicklung
349	Günter Spur, Berlin	Fortgeschrittene Produktionssysteme im Wandel der Arbeitswelt
	Friedrich Eichhorn, Aachen	Industrieroboter in der Schweißtechnik
350	Heinrich Holzner, Wien	Hormonelle Einflüsse bei gynäkologischen Tumoren
351	4. Akademie-Forum	Die Sicherheit technischer Systeme
	Rolf Staufenbiel, Aachen	Die Sicherheit im Luftverkehr
	Ernst Fiala, Wolfsburg	Verkehrssicherheit – Stand und Möglichkeiten
	Niklas Luhmann, Bielefeld	Sicherheit und Risiko aus der Sicht der Sozialwissenschaften
	Otto Pöggeler, Bochum	Die Ethik vor der Zukunftsperspektive
	Axel Lippert, Leverkusen	Sicherheitsfragen in der Chemieindustrie
	Rudolf Schulten, Aachen	Die Sicherheit von nuklearen Systemen
	Reimer Schmidt, Aachen	Juristische und versicherungstechnische Aspekte
352	Sven Effert, Aachen	Neue Wege der Therapie des akuten Herzinfarktes
		Jahresfeier am 7. Mai 1986
353	Alarich Weiss, Darmstadt	Struktur und physikalische Eigenschaften metallorganischer Verbindungen
	Helmut Wenzl, Jülich	Kristallzuchtforschung
354	Hans Helmut Kornhuber, Ulm	Gehirn und geistige Leistung: Plastizität, Übung, Motivation
	Hubert Markl, Konstanz	Soziale Systeme als kognitive Systeme
355	Max Georg Huber, Bonn	Quarks – der Stoff aus dem Atomkerne aufgebaut sind?
	Fritz G. Parak, Münster	Dynamische Vorgänge in Proteinen
356	Walter Eversheim, Aachen	Neue Technologien – Konsequenzen für Wirtschaft, Gesellschaft und Bildungssystem –

ABHANDLUNGEN

Band Nr.

50	*Walther Heissig (Hrsg.), Bonn*	Schriftliche Quellen in Moġolī. 1. Teil: Texte in Faksimile
51	*Thea Buyken, Köln*	Die Constitutionen von Melfi und das Jus Francorum
52	*Jörg-Ulrich Fechner, Bochum*	Erfahrene und erfundene Landschaft. Aurelio de'Giorgi Bertòlas Deutschlandbild und die Begründung der Rheinromantik
53	*Johann Schwartzkopff (Red.), Bochum*	Symposium ‚Mechanoreception'
54	*Richard Glasser, Neustadt a. d. Weinstr.*	Über den Begriff des Oberflächlichen in der Romania
55	*Elmar Edel, Bonn*	Die Felsgräbernekropole der Qubbet el Hawa bei Assuan. II. Abteilung: Die althieratischen Topfaufschriften aus den Grabungsjahren 1972 und 1973
56	*Harald von Petrikovits, Bonn*	Die Innenbauten römischer Legionslager während der Prinzipatszeit
57	*Harm P. Westermann u. a., Bielefeld*	Einstufige Juristenausbildung. Kolloquium über die Entwicklung und Erprobung des Modells im Land Nordrhein-Westfalen
58	*Herbert Hesmer, Bonn*	Leben und Werk von Dietrich Brandis (1824–1907) – Begründer der tropischen Forstwirtschaft. Förderer der forstlichen Entwicklung in den USA. Botaniker und Ökologe
59	*Michael Weiers, Bonn*	Schriftliche Quellen in Moġolī, 2. Teil: Bearbeitung der Texte
60	*Reiner Haussherr, Bonn*	Rembrandts Jacobssegen Überlegungen zur Deutung des Gemäldes in der Kasseler Galerie
61	*Heinrich Lausberg, Münster*	Der Hymnus ›Ave maris stella‹
62	*Michael Weiers, Bonn*	Schriftliche Quellen in Moġolī, 3. Teil: Poesie der Mogholen
63	*Werner H. Hauss, Münster* *Robert W. Wissler, Chicago,* *Rolf Lehmann, Münster*	International Symposium 'State of Prevention and Therapy in Human Arteriosclerosis and in Animal Models'
64	*Heinrich Lausberg, Münster*	Der Hymnus ›Veni Creator Spiritus‹
65	*Nikolaus Himmelmann, Bonn*	Über Hirten-Genre in der antiken Kunst
66	*Elmar Edel, Bonn*	Die Felsgräbernekropole der Qubbet el Hawa bei Assuan. Paläographie der althieratischen Gefäßaufschriften aus den Grabungsjahren 1960 bis 1973
67	*Elmar Edel, Bonn*	Hieroglyphische Inschriften des Alten Reiches
68	*Wolfgang Ehrhardt, Athen*	Das Akademische Kunstmuseum der Universität Bonn unter der Direktion von Friedrich Gottlieb Welcker und Otto Jahn
69	*Walther Heissig, Bonn*	Geser-Studien. Untersuchungen zu den Erzählstoffen in den „neuen" Kapiteln des mongolischen Geser-Zyklus
70	*Werner H. Hauss, Münster* *Robert W. Wissler, Chicago*	Second Münster International Arteriosclerosis Symposium: Clinical Implications of Recent Research Results in Arteriosclerosis
71	*Elmar Edel, Bonn*	Die Inschriften der Grabfronten der Siut-Gräber in Mittelägypten aus der Herakleopolitenzeit
72	*(Sammelband)*	Studien zur Ethnogenese
	Wilhelm E. Mühlmann	Ethnogonie und Ethnogenese
	Walter Heissig	Ethnische Gruppenbildung in Zentralasien im Licht mündlicher und schriftlicher Überlieferung
	Karl J. Narr	Kulturelle Vereinheitlichung und sprachliche Zersplitterung: Ein Beispiel aus dem Südwesten der Vereinigten Staaten
	Harald von Petrikovits	Fragen der Ethnogenese aus der Sicht der römischen Archäologie
	Jürgen Untermann	Ursprache und historische Realität. Der Beitrag der Indogermanistik zu Fragen der Ethnogenese
	Ernst Risch	Die Ausbildung des Griechischen im 2. Jahrtausend v. Chr.
	Werner Conze	Ethnogenese und Nationsbildung – Ostmitteleuropa als Beispiel
73	*Nikolaus Himmelmann, Bonn*	Ideale Nacktheit
74	*Alf Önnerfors, Köln*	Willem Jordaens, Conflictus virtutum et viciorum. Mit Einleitung und Kommentar
75	*Herbert Lepper, Aachen*	Die Einheit der Wissenschaften: Der gescheiterte Versuch der Gründung einer „Rheinisch-Westfälischen Akademie der Wissenschaften" in den Jahren 1907 bis 1910
76	*Werner H. Hauss, Münster* *Robert W. Wissler, Chicago* *Jörg Grünwald, Münster*	Fourth Münster International Arteriosclerosis Symposium: Recent Advances in Arteriosclerosis Research

Sonderreihe PAPYROLOGICA COLONIENSIA

Vol. I *Aloys Kehl, Köln*	Der Psalmenkommentar von Tura, Quaternio IX
Vol. II *Erich Lüddeckens, Würzburg, P. Angelicus Kropp O. P., Klausen, Alfred Hermann und Manfred Weber, Köln*	Demotische und Koptische Texte
Vol. III *Stephanie West, Oxford*	The Ptolemaic Papyri of Homer
Vol. IV *Ursula Hagedorn und Dieter Hagedorn, Köln, Louise C. Youtie und Herbert C. Youtie, Ann Arbor*	Das Archiv des Petaus (P. Petaus)
Vol. V *Angelo Geißen, Köln* *Wolfram Weiser, Köln*	Katalog Alexandrinischer Kaisermünzen der Sammlung des Instituts für Altertumskunde der Universität zu Köln Band 1: Augustus-Trajan (Nr. 1–740) Band 2: Hadrian-Antoninus Pius (Nr. 741–1994) Band 3: Marc Aurel-Gallienus (Nr. 1995–3014) Band 4: Claudius Gothicus–Domitius Domitianus, Gau-Prägungen, Anonyme Prägungen, Nachträge, Imitationen, Bleimünzen (Nr. 3015–3627) Band 5: Indices zu den Bänden 1 bis 4
Vol. VI *J. David Thomas, Durham*	The epistrategos in Ptolemaic and Roman Egypt Part 1: The Ptolemaic epistrategos Part 2: The Roman epistrategos
Vol. VII	Kölner Papyri (P. Köln)
Bärbel Kramer und Robert Hübner (Bearb.), Köln	Band 1
Bärbel Kramer und Dieter Hagedorn (Bearb.), Köln	Band 2
Bärbel Kramer, Michael Erler, Dieter Hagedorn und Robert Hübner (Bearb.), Köln	Band 3
Bärbel Kramer, Cornelia Römer und Dieter Hagedorn (Bearb.), Köln	Band 4
Michael Gronewald, Klaus Maresch und Wolfgang Schäfer (Bearb.), Köln	Band 5
Vol. VIII *Sayed Omar (Bearb.), Kairo*	Das Archiv des Soterichos (P. Soterichos)
Vol. IX *Dieter Kurth, Heinz-Josef Thissen und Manfred Weber (Bearb.), Köln*	Kölner ägyptische Papyri (P. Köln ägypt.) Band 1
Vol. X *Jeffrey S. Rusten, Cambridge, Mass.*	Dionysius Scytobrachion
Vol. XI *Wolfram Weiser, Köln*	Katalog der Bithynischen Münzen der Sammlung des Instituts für Altertumskunde der Universität zu Köln Band 31: Nikaia. Mit einer Untersuchung der Prägesysteme und Gegenstempel
Vol. XII *Colette Sirat, Paris u. a.*	La *Ketouba* de Cologne. Un contrat de mariage juif à Antinoopolis
Vol. XIII *Peter Frisch, Köln*	Zehn agonistische Papyri

Verzeichnisse sämtlicher Veröffentlichungen der
Rheinisch-Westfälischen Akademie der Wissenschaften können beim
Westdeutschen Verlag GmbH, Postfach 30 06 20, 5090 Leverkusen 3 (Opladen),
angefordert werden

If you have any concerns about our products,
you can contact us on
ProductSafety@springernature.com

In case Publisher is established outside the EU,
the EU authorized representative is:
**Springer Nature Customer Service Center GmbH
Europaplatz 3, 69115 Heidelberg, Germany**

Printed by Libri Plureos GmbH
in Hamburg, Germany